数学简史

探秘之旅

1 数与计数

有道乐读编委会 著·绘

本书编委会
编　者：闫佳睿　崔　瑶　王丹丹
绘　者：闫佳睿

電子工業出版社
Publishing House of Electronics Industry
北京·BEIJING

图书在版编目（CIP）数据

数学简史探秘之旅. 数与计数 / 有道乐读编委会著、绘. --北京：电子工业出版社，2022.12
ISBN 978-7-121-44676-4

Ⅰ.①数… Ⅱ.①有… Ⅲ.①数学－少儿读物 Ⅳ.①O1-49

中国版本图书馆CIP数据核字（2022）第238087号

责任编辑：李黎明
印　　刷：北京盛通印刷股份有限公司
装　　订：北京盛通印刷股份有限公司
出版发行：电子工业出版社
　　　　　北京市海淀区万寿路173信箱　邮编：100036
开　　本：720×1000　1/16　印张：18.5　　字数：177.6千字
版　　次：2022年12月第1版
印　　次：2023年5月第4次印刷
定　　价：109.00元（全3册）

凡所购买电子工业出版社图书有缺损问题，请向购买书店调换。若书店售缺，请与本社发行
部联系，联系及邮购电话：（010）88254888，88258888。
质量投诉请发邮件至zlts@phei.com.cn，盗版侵权举报请发邮件至dbqq@phei.com.cn。
本书咨询联系方式：（010）88254417，lilm@phei.com.cn。

两只灵敏的大耳朵

蓬松的软毛尾巴

身高1.1米

身穿红色背心，胸前有"M"标志

小狸

正宗狐狸血统，生活在数学星球。

喜欢冒险，心地善良，对未知充满好奇。

穿越时空？

数学星球

小狸飞船

小狸被一股神秘的力量带到了另一个时空。

小狸去了哪里？

它都遇到了谁？

小狸将如何回到 数学星球？

这里记录了它在另一个时空
经历的一切！

快！

打开小狸的日记本，

破解谜题，

寻找真正的

答案！

黑洞

飞船？

目录

小狸爸爸

小狸周末还要去上课吧?

嗯,这周末要上逻辑分析课,下周末要上飞船原理课,下下周末上……

小狸妈妈

哎!有这么多课要上,还有这么多作业……
什么时候才能出去玩呢?

第1章

神秘星球

地点：数学星球　天气：晴

　　我坐在书桌前，一大早就被作业弄得头昏脑涨。阳光从桌前的窗户照射进来，我抬头望向窗外，天气格外晴朗，听着小鸟们嬉戏的声音，我的心也飘到了外面。

　　为了出去玩，我跟爸爸妈妈撒了谎，说要去找老师请教问题。我知道这样做是不对的，当时我一定是被这么一大堆作业冲昏了头脑。

我悄悄溜进地下室，启动了飞船，本想 20 分钟内就回来，不料，却发生了意外——宇宙中竟然出现了 **黑洞！** 还没等我反应过来，我和飞船就被黑洞吸了进去……

"啊……"

我感到自己在黑洞里不停地旋转，旋转……随即便坠落在一片茂密的草丛中。我忍着强烈的眩晕感爬了起来，发现周围的环境很陌生，这里并不是我生活的数学星球！而是一个未知的**神秘星球！**

更奇怪的是——我的飞船 **竟然**

不见了!

没有飞船，我可怎么回家啊？我突然感觉很慌张，心里害怕极了。

我该怎么办呢？

第2章

神奇的图案

地点：神秘星球　天气：晴

我知道，现在后悔也晚了。

"呼——"

我做了一次深呼吸，让自己冷静下来。我决心去寻找飞船，然后赶快回家！

走着走着，我突然听到远处传来的敲击声！那声音断断续续的，我竖起耳朵也听不太清楚。

"难道是有人发现了我的飞船？"

　　我心里惦记着飞船，脚下也不由得加快了步伐，向着声音传来的方向跑去。

　　这里的植物还真是茂密，我充满期待地拨开层层草丛，结果却大失所望，草丛后面并没有飞船。不过我意外地发现，在河对岸有个——

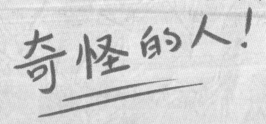

在河对岸，
有个奇怪的人！

原来敲击声就是
他弄出来的！

砰! 砰! 砰!

他会伤害我吗？

他在这里做什么？

他知道我的飞船在哪儿吗？

虽然我还没有弄清楚他究竟在做什么，但为了避免麻烦，我决定悄悄地离开，继续去寻找我的**飞船**。

我沿着河边继续走，不一会儿，就在不远处发现了一堆岩石，岩石上还画着图案。

这些奇奇怪怪的图案是谁画上去的呢？

太阳和眼睛的图案代表了什么意思呢？

原始人？

原来那个奇怪的人是**原始人**。

毛发浓密

很久很久很久
很久……
以前的人类

兽皮衣服

武器：石头、木棒、骨头

以采摘植物、捕猎动物为生

原始人居住场所：
洞穴

人类进化历程：

类人猿

很久很久……

原始人

很久很久……

未来人？

很久很久……

现代人

原始人是怎么数数的？

一开始，**原始人**想搞明白怎么数数，就试着数了数天上的太阳，结果发现太阳竟然只有 1 个。为了记住 1 这个数，他们就用太阳的图案来表示 1。

如果原始人说：

"我找到和 **太阳** 的数量一样多的鹿了！"

意思就是他找到了 **1** 头鹿。

"我找到和 **眼睛** 的数量一样多的鸟了！"

意思就是他找到了 **2** 只鸟。

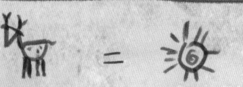

鹿的数量　　　太阳的数量

鸟的数量　　　眼睛的数量

原始人用太阳的图案来表示 1，用眼睛的图案来表示 2，在这个画面中，你还能找到哪些表示数的图案？

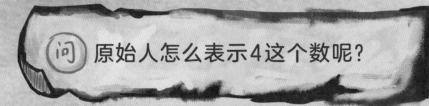

问 原始人怎么表示4这个数呢？

提示：在画面中寻找数量为4的事物。猜一猜，原始人是用什么图案来表示4的？

第3章

奇怪的绳结

地点：神秘星球　天气：晴

我想再看看其他地方还有没有类似的图案，于是就绕到了岩石后面。没想到，这堆岩石后面竟然藏着一个 **山洞**！

"这个山洞里面藏着什么呢？我的飞船会不会在里面呢？"

我这样想着，慢慢走向洞口。

　　我探出头，向里面张望，但山洞里黑漆漆的，什么也看不见。过了一会儿，我的眼睛慢慢适应了这里的光线，隐约可以看见山洞里面的样子了。

　　我一边用手扶着石壁，一边四处观察。山洞里面还算宽敞，不过令人感到奇怪的是——山洞里挂着很多**绳子**，每个绳子都打上了**绳结**，而且每个绳结的样子都**各不相同**。

　　"这是怎么回事？

　　这些绳结是用来做什么的呢？"

　　我抬头看着这些绳子，想得出神。

　　突然，山洞外传来声音！一个人影正在渐渐靠近洞口！我来不及反应，呆呆地站在原地。

岩石后面竟然还有个**山洞**！

这里怎么挂着这么多绳子呢？

这些绳结有什么用呢？

是谁把绳子挂在上面的呢？

谢天谢地，那个进来的人捧着一大堆玉米，而玉米刚好挡住了他的视线，他没有发现我。正当我思考着如何逃离这个山洞时，我的肚子突然不争气地响了：

"咕噜——"

迫不得已，我只能小心翼翼地向那个人打招呼。幸运的是，他是个善良友好的人，不仅没有将我赶出山洞，还送给我一堆食物。

虽然我听不懂他在说什么，但看他一边数着玉米，一边在绳子上打结的动作，便恍然大悟。原来那些奇怪的绳结是用来计数的，而且，更有趣的是，不同颜色的绳子代表不同的事物！

比如：

黄色的绳子代表**黄金**

白色的绳子代表**白银**

绿色的绳子代表**谷物**

没想到这个人还挺聪明！我突然想起自己的飞船：他会不会知道我的飞船在哪儿呢？

我在地上画了一个飞船的样子，一边说，一边跟他比划着。他突然伸出手，指向了东方。

"难道往东边走，就能找到我的飞船吗？"我问道。

只见他点了点头。我兴奋地跳了起来，但紧接着，他又摇了摇头——

"啊？"这是怎么回事？他到底有没有见过我的飞船呢？

绳结的作用

　　绳结的作用远超我们的想象。古人在使用图画和文字之前，就已经开始用在绳子上打结的方法记事了。

　　古人看到自己打的绳结，就能想起当时发生了什么事。生活里有很多需要记录的数，例如，前天逮到了 3 只兔子，昨天采了 56 个果子，今天收了 200 棵玉米……

我也来试试用绳结计数！

古人是如何用绳结计数的?

秘鲁的**古印加人**

发明了一种用绳打结的计数方式，名字叫作

khipu

奇普

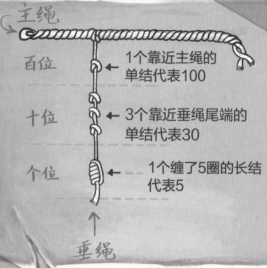

主绳

百位 ← 1个靠近主绳的单结代表100

十位 ← 3个靠近垂绳尾端的单结代表30

个位 ← 1个缠了5圈的长结代表5

↑ 垂绳

1. 单结/反手结

单结可以表示十位、百位上的数，有几个单结就表示几十、几百。

离主绳越近的单结，代表的位数越大。离主绳最近的单结表示百位，靠近垂绳尾端的单结表示十位。

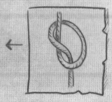

可以表示任意整十数

→

2. 长结

个位数要用长结来表示，长结其实就是在单结的基础上多绕几圈。

绕几圈就代表几，可以表示数字2~9。

3. 八字结

1 就比较特殊了，一个八字结 ← 表示1。

=1

集中注意力！
仔细观察.

问 下面的哪根绳子可以打成结？

提示：拉紧绳子两端试一试！

第4章

莲花、手指、青蛙

地点：神秘星球　天气：晴

　　我也不知道山洞里这个人到底有没有见过我的飞船，但是，目前也找不到其他线索了。

　　"就先朝着他指的方向出发吧，一边走，一边寻找线索！"我心里想。

　　于是，跟山洞里的人告别后，我毫不犹豫地踏上了寻找飞船之旅。

不知走了多久，我发现自己竟然来到了一片**沙漠**中。

烈日当空，我被晒得满头大汗，感觉要热晕了。

"真恨不得钻到土里！哦，不对，是沙子里。"

不过，我知道这种想法并不现实，因为脚下的沙子也被晒得滚烫。

放眼望去，四周全是沙土，植物少得可怜，更别说想找一片树荫了，那简直就是奢望。我脑海中不由得浮现出在家吹空调、吃冰棒的场景。正当我陶醉其中时，一束强烈的光突然在我眼前晃了一下，将我从幻想中拉回了现实。我用手挡着刺眼的阳光，眯着眼睛，看到不远处的沙土里好像有个东西在

闪闪发光！

哎哟！这里怎么到处都是沙子？

连一片树荫都没有，热死了……

不知走了多久，我来到了一片沙漠之中。

原来这里是 **埃及**。

我跟跄地跑了过去，将那个东西从沙子里捡了出来。它沉甸甸的，看起来像一把**钥匙**。

"这是什么呢？难道是什么宝贝？"

我正思考着，突然发现脚下的沙子在下沉，我的身体在慢慢**下陷**！

"流沙？不会吧！怎么这么倒霉？"

我想赶快跳出这个小沙坑，拼尽全力扑腾了几下，没想到反而下陷得更快了！这下我可慌了神，飞快地思考该如何脱离险境，可还没等我想出办法，只觉得脚下一松，整个身子都陷入了沙漠之中！

不过，幸好这不是流沙，我竟然从沙漠掉进了一个走廊里。

"这下可凉快了！"

我一边庆幸，一边环顾四周，发现走廊两侧的墙壁上刻满了**图案**。

"这些图案都是用来装饰墙壁的吗？"

不知不觉中，我走到了一个类似大厅的地方，这里宽敞明亮，四周墙壁光滑，两侧矗立着顶到天花板的大石柱，在其中的一面墙上，突然显现出一条通往深处的**密道**。

我凑上前去，发现密道上方的石板上整整齐齐地刻着一些图案。正当我看得入神时，身后突然传来一个声音：

"那些图案是象形文字。"

我被突如其来的说话声吓了一跳，连忙回头看，结果，竟看见一个鹮头人身的怪人！

"我叫托特。"他说道。

佩戴满月圆盘+新月冠

(huán)
鹮头人身

Thoth

托 特 ——古埃及神话中的智慧
之神，同时也是月亮、数学、医药之
神，传说中埃及象形文字的发明者。

　　我觉得他的样子实在是太好笑了，不过为了表示尊重，我还是强忍着没笑出声来。

　　托特告诉我，石板上的图案是他们发明的

象形文字。

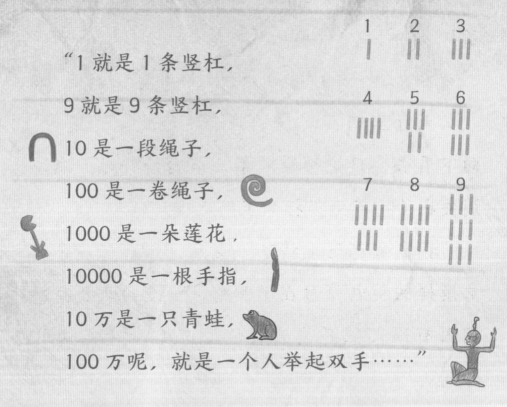

　　"1 就是 1 条竖杠，

　　9 就是 9 条竖杠，

　　10 是一段绳子，

　　100 是一卷绳子，

　　1000 是一朵莲花，

　　10000 是一根手指，

　　10 万是一只青蛙，

　　100 万呢，就是一个人举起双手……"

　　托特在一旁滔滔不绝地说着，可我并不关心他们是怎么 **计数** 的，我只想找到我的飞船。

托特似乎知道我在想什么，但他并没有告诉我飞船在哪儿，只说了一句：

"获得知识能量，可以帮助你朝着正确的方向前行！"

当我想详细追问的时候，却发现托特不见了！

"用心思考，答案终会显现……"

大厅里回荡着他的声音。我走到密道旁，向下看去，只见楼梯从第三级台阶开始，渐渐消失在伸手不见五指的黑暗之中……

我在书包里翻找了一会儿，然后将一个勋章模样的手电筒戴在了胸前，虽然它能照亮的范围有限，但还是为我增添了几分走下去的勇气。

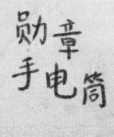
勋章手电筒

按下

密道里的楼梯**一会儿向上，一会儿向下，一会儿向左，一会儿向右**……仿佛永远都看不到密道的尽头。

我想坐下来休息一会儿，却隐约听到一个**奇怪的声音**，仿佛有一群蜜蜂，正以飞快的速度从我身后袭来！

密道里除了楼梯还是楼梯，根本没有任何可以藏身的地方！由未知带来的恐惧，让我的心脏怦怦地狂跳起来。

"不管后面的东西是什么，先跑出去再说！"

于是，我以最快的速度向密道前方跑去！

古埃及人怎么计数？

　　在古埃及人发明的**象形文字**中，有专门用来表示个、十、百、千、万的符号。每进一个数位，就换一种符号来表达。

十进制计数

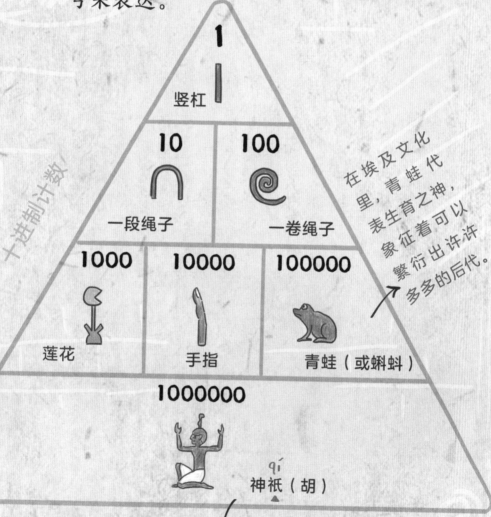

1
竖杠

10
一段绳子

100
一卷绳子

1000
莲花

10000
手指

100000
青蛙（或蝌蚪）

1000000
神祇（胡 qí）

在埃及文化里，青蛙代表生育之神，象征着可以繁衍出许许多多的后代。

"胡"（Huh）是埃及文化中的 **无限之神**。在古埃及人眼中，100 万是非常大的数字。

这条密道
　　能通向哪里呢?

问 密道石板上的图案代表的数是多少?

第5章

贝壳

地点：神秘星球　天气：晴转多云

密道前方出现了一个小亮点——

"是出口！"

我拼尽最后一点力气，一口气从密道里跑了出来。此时，我已经上气不接下气了，在密道出口旁，我双手扶着膝盖，大口喘着粗气。可是，身后那个奇怪的声音并没有消失，仍然紧跟在后！

31

我实在没有力气再跑了，还好出口周围的植物很茂密，作为掩护再好不过了。我来不及犹豫，迅速躲在了草丛里。

那个像一群蜜蜂嗡嗡作响般的奇怪声音离密道出口**越来越近！**

声音越来越大！

我的心脏**怦怦怦**地狂跳，我很担心自己的心跳声会被听见，于是竭尽所能地屏住呼吸。

然而，那个声音即将到达密道出口时，竟**戛**(jiá)**然而止**……

时间仿佛静止了，四周变得**鸦雀无声**，安静得出奇。

我在草丛里又静静地等了一会儿，还是没有动静。我慢慢地从草丛里走了出来，小心翼翼地向密道出口处望了望，并没有发现任何异样。

"奇怪，是我产生了幻觉吗？"

还是尽快离开这里为妙！

这时，我才注意到周围的环境——茂密的丛林里生长着**各种各样**的植物，**生机盎然**。空气格外清新，我忍不住狠狠地吸了一口，刚才的紧张感便立刻烟消云散。

我顺着石阶向下走，下面有一个天坑，坑里的水清澈碧蓝，周围的植物倒映在水面上，在阳光的照射下，闪耀着**变化多端**的色彩。天坑成了一块**流光溢彩**的蓝宝石，简直美极了！

我从书包里取出折叠水瓶，准备从天坑里取一些水。这时，天坑中央开始源源不断地向外泛出水花——

"咕嘟咕嘟——"

水花越来越大，越来越多，突然，一个形似**贝壳**的东西从水里冒了出来，贝壳里面竟然还出现了**一个人！**

"太不可思议了吧！居然有人住在贝壳里？"

那枚贝壳随着水波漂到岸边。这时，更令我吃惊的事发生了，贝壳里的那个人竟然开口说话了：

"吼吼吼吼！我是玛雅文化里保护世界的神灵——帕瓦通神！"

卷

折叠水瓶

"哦？既然他是神灵，那他会不会知道我的飞船在哪里呢？"

我心里这样想着，连忙开口问他：

"您能告诉我，在哪儿可以找到我的飞船吗？"

"获得知识能量，自然就会找到……"

"知识能量？怎样才能获得呢？"

我有些着急地盯着他，只见他不紧不慢地说道：

"继续前行，认真观察，动脑思考，自然就会获得……"

"哦——"

听了帕瓦通神的话，我犹如醍醐 *tí hú* 灌顶，突然就明白了。

在密道里跑了好久，我终于
从出口出来了！

这里的雕塑好奇怪……

对于玛雅人来说，贝壳是水的象征，最早的生命就是从水中诞生的。因此，贝壳是生长与复活的标志。

从贝壳里冒出来的这个家伙，
就是玛雅文化里保护世界的神灵——

帕瓦通神

水里面除了贝壳，还有什么呢？

向帕瓦通神道谢之后，我整理行装，继续寻找飞船。

这一路上，我路过了许多奇特的雕塑——有长着蛇脑袋、鸟羽毛的雕塑，有三米多高的巨头雕塑，还有各种奇形怪状的雕塑，真是令人**大开眼界**！

最让我吃惊的是一个看起来像金字塔的建筑，但和金字塔明显不同的是，它的每一侧都有台阶，顶部也不是尖尖的，而是平平的。

"这个金字塔上面好像还有图案！"

　　我跑了过去，看到塔身上的台阶旁边的图案是由**点**、**横**、**贝壳**组成的。

　　"这是什么意思呢？"

　　我一边思考，一边绕到了建筑后面。这个建筑后面还有一个圆形的**石盘**，石盘从内向外分为三圈，中心的圆圈上刻着一个吐着舌头的人脸花纹，第二圈是用点、横组成的符号，最外面一圈是图腾。

　　我发现，只有第二圈和最外圈的石盘是可以转动的。

　　"难道符号和图腾是一一对应的？"

　　我一边想，一边转动石盘。只听见脚下"**咔咔**"两声脆响，脚下的石板突然裂开，我就这样**毫无防备**地掉进裂缝中！

啊～

玛雅人怎么计数？

玛雅人计数使用的是 **二十进制**，例如，他们不说 80，而是说 4 个 20；不说 200，而是说 10 个 20。

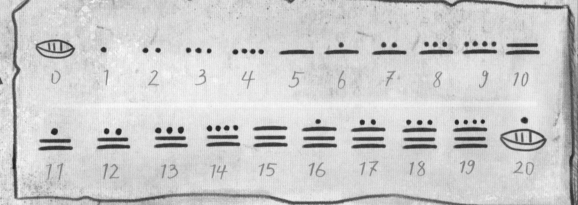

| 0 | 1 | 2 | 3 | 4 | 5 | 6 | 7 | 8 | 9 | 10 |
| 11 | 12 | 13 | 14 | 15 | 16 | 17 | 18 | 19 | 20 |

玛雅人是如何表示365的呢？

注意两个符号之间的距离
位置越靠上，代表的数位就越大

更高位 ———————— （二十进制，代表18个20）

高位 = 18 ×20

低位 = 5

365

这就是小狸遇到的玛雅金字塔，远远地看上去，它和埃及金字塔有点相像。塔身上刻着的符号是什么意思呢？

提示：通过算出金字塔两侧的数字方砖对应的数，计算上面的算式，破解谜题。

第6章

泥板的秘密

地点：神秘星球　天气：晴

我掉入了一个冰凉而黑暗的**隧道**里，就像坐**旋转滑梯**一样，转了一圈又一圈，一路向下滑去。

隧道不但四壁光滑，而且坡度很陡，想要停下来是根本不可能的！

正当我不知所措时，隧道的前方突然出现了一道耀眼的光线，晃得我睁不开眼睛。我只觉得自己的身体"嗖"地一下子飞了出去，然后，又"啪嗒"一声掉了下来。

等眼睛适应了周围的光线后，我才发现自己有多么**幸运**！我刚好掉落在水面上的一艘草船上，如果再稍微偏那么一点儿，我就会掉进水里！

我从船上爬了起来，仔细地打量了它一番。这艘船虽然是用草编织而成的，但好像还蛮结实的，并没有出现损坏或漏水的迹象。我将书包从身上取下来，放到了船上。这时，我感到船板下面有个东西。我俯下身子，伸手向船板下面摸去。

"原来是一块泥板。"

建筑后面的隧道竟然通向这里，正好有一条船载着我继续航行！

（suō）

纸莎草船：这种船是由一捆一捆的纸莎草制成的，它的漂浮主要依赖纸莎草本身的特性。

这是一块比手掌略小的**泥板**，上面刻着一些**符号**。我将泥板翻了过来，看向它的背面。

我瞬间瞪大了眼睛，一个再熟悉不过的图案映入眼帘。

"我的飞船？它怎么会被刻在泥板上呢？难道这块泥板和我的飞船有关？这些符号又是什么意思呢？"我的大脑飞速运转，冒出一连串的问题。

过了一会儿，我复杂的情绪渐渐平静了下来，我小心地将泥板揣进裤子口袋里，决定先去弄清楚那些符号的意思。我乘着船，顺着水流向前驶去。

坐在船里，我一下子放松下来，身体也有些疲惫了，一阵困意袭来，我不断打着哈欠。终于，眼皮重重地垂下来，我在船里睡着了……

不知过了多久，当我再次睁开眼睛时，我竟然来到了一座宏伟的建筑前。它的每一层都种满了各种花草树木，远远地看上去，就像是悬在**空中的花园**一样，非常壮观！

我将船停靠在岸边，大步走向城门。城中心的喷泉里立着一根石柱，上面刻满了密密麻麻的符号。一位老者告诉我，这里是**古巴比伦**，而这些钉子和箭头形状的符号，就是他们古巴比伦人发明的文字，被称为**楔形文字**。

看着这些符号，我突然灵光一闪：

"泥板上的那些符号不就是楔形文字吗？"

想到这里，我连忙将手伸进裤兜，谁知由于一时激动，泥板一下子脱手而出，飞向了喷泉！

空中花园

空中花园是世界八大奇迹之一。

它采用立体造园方法，建于高高的平台上，高耸入云。从远处望去，花园就像建在天空中一样。

花园里种满了来自世界各地的奇花异草。

世界八大奇迹

埃及胡夫金字塔

巴比伦空中花园

阿尔忒弥斯神庙

奥林匹亚宙斯神像

摩索拉斯陵墓

罗德岛太阳神巨像

亚历山大灯塔

中国的秦始皇陵兵马俑

"**扑通**"一声，那块泥板掉入了喷泉里。

"糟了，泥板上还有飞船的重要信息呢！"我决心要找回泥板。

我趴在喷泉旁，向水里望了望，却始终看不到底。

"这水应该不会太深吧？要不跳进去找找看？"

虽然这样想，但为了安全起见，我还是从书包里拿出了一个鱼头状的东西——**模拟鱼鳃**，戴着它就能在水下自由呼吸了。我又用**防水袋**将书包套住，一切准备就绪，我一个鱼跃，纵身跳进了喷泉里。

模拟鱼鳃(sāi)

游了一会儿，我突然感觉有些不对劲儿。

"这水也太深了吧？根本看不到底啊！难道喷泉是通往海底的吗？"

不过为了找到泥板，我还是决定继续向下游。虽然此时是炎热的夏季，泉水却冰凉彻骨。

我又游了一会儿，终于到达底部了。正当我四处寻找泥板时，突然感到有一股**怪力**拖着我向后退去。

隐隐约约中，我看到一些建筑的残骸堆积在拱形石门周围。石门中出现了一个正在高速旋转的**漩涡**！我正是被这个漩涡的力量卷进来的！我连忙伸手去抓身旁的水草，可它们**滑溜溜**的，抓了几下，都抓不牢……我一下子**失去了平衡**，随着水里的小鱼们一起被卷入了漩涡之中！

水下的建筑残骸是从哪儿来的呢？

拱形石门中出现了
一个高速旋转的漩涡！

古巴比伦人怎么计数？

古巴比伦人计数只需要用**两个**符号：

垂直的楔形符号：▼ → 1

横向的楔形符号：◄ → 10

六十进制计数

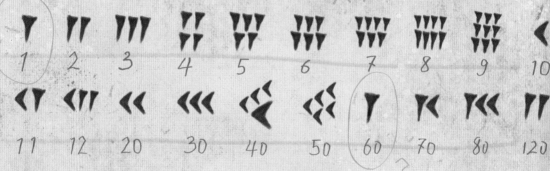

1	2	3	4	5	6	7	8	9	10

11	12	20	30	40	50	60	70	80	120

?

在低位上表示"1"　　在高位上表示"60"

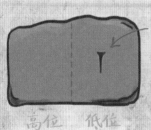

高位　低位

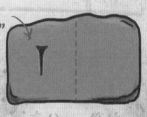

高位　低位

更高位	高位	低位
3600	60	1

60倍　　60倍

54

为什么古巴比伦人要用六十进制计数呢？
其原因可能与手指有关。

一共 5 根手指

其中 4 根手指上
指骨的总数 =12

2 3 4 5

7 4 1
10 8 5 2
11 9 6 3
12

60=5x12

左手　　　　　　　　　　　　　右手

注意：大拇指的作用很特殊！
因为它可以触碰到其他4根手指的每个骨节。

先用右手的大拇指，数完右手的 12 节指骨，
然后弯曲左手的大拇指，重新数一遍指骨；一只手
有 5 根手指，也就是重复数了 5 遍，这样就可以数
到 60 了。

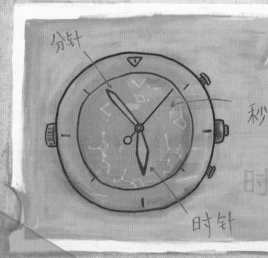

分针

秒针

时针

时间！

60秒 ＝ 1分

60分 =1时

六十进制在我们今
天的生活中依然有
应用！

为什么叫楔(xiē)形文字？

楔形文字，也叫**钉头文字**或**箭头字**。

垂直的，像钉子的形状　　横向的，像箭头的形状

楔形文字的英语说法源自拉丁语，是由两个单词构成的复合词。

cuneus（楔子）＋ forma（形状）
＝ cuneiform（楔形文字） 楔子的形状

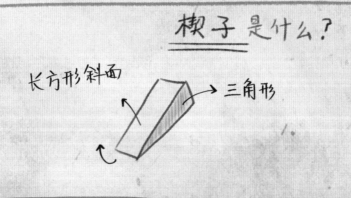

楔子是什么？

长方形斜面　三角形

楔子是一种简单的机械工具。

古巴比伦位于美索不达米亚平原，这里缺乏木材，石料稀少。在幼发拉底河和底格里斯河的冲击下，这里沉积了大量**泥土**。因此，古巴比伦人便以泥板作为书写材料。

这里泥土的土质与其他地区不同，黏性很强。

一块泥板有什么作用呢？

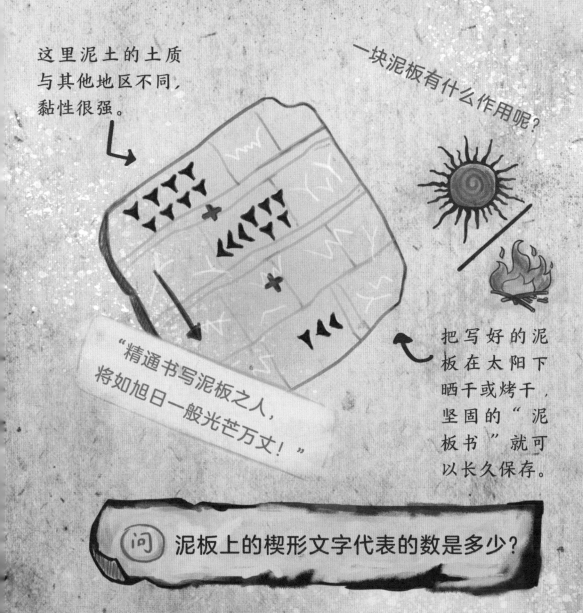

"精通书写泥板之人，将如旭日一般光芒万丈！"

把写好的泥板在太阳下晒干或烤干，坚固的"泥板书"就可以长久保存。

问 泥板上的楔形文字代表的数是多少？

提示：通过计算泥板上的算式，破解谜题。

第7章

字母还是数字？

地点：神秘星球　天气：晴

　　我随着漩涡不停地旋转，像一个失去控制的陀螺，强烈的眩晕感让我的大脑一片空白……过了一会儿，旋转的速度逐渐减慢，直至停下，周围也渐渐恢复了平静。我勉强睁开眼睛，隐约看见水底的沙土中埋着一个棕色的东西。

　　"难道是那块泥板？"

我游了过去，将那个东西从沙土中拿了出来，这才发现它并不是泥板，而是一枚**铜币**！此时，头脑中的眩晕感还没有完全消失，我的身体也有些疲惫，我决定先游出水面，休息一会儿。

我一口气游了上去，就在浮出水面的那一瞬间，我立刻发现了异样，此时的喷泉已经完全变了样！周围的环境也大不相同！

"这是哪里呀？"

水面上是一个花瓣状的双层喷泉，里面有四个蛇身鱼头的海兽雕像，**栩**(xǔ)**栩如生**。我从水里爬了出来，抖掉身上的水，坐在喷泉旁，低头看向手中的这枚铜币。这枚铜币的正面刻着一些符号，好像是一些**字母**；铜币的背面有一个拱门的图案，在门的里面竟然还有一个**飞船**的图案！

甩干

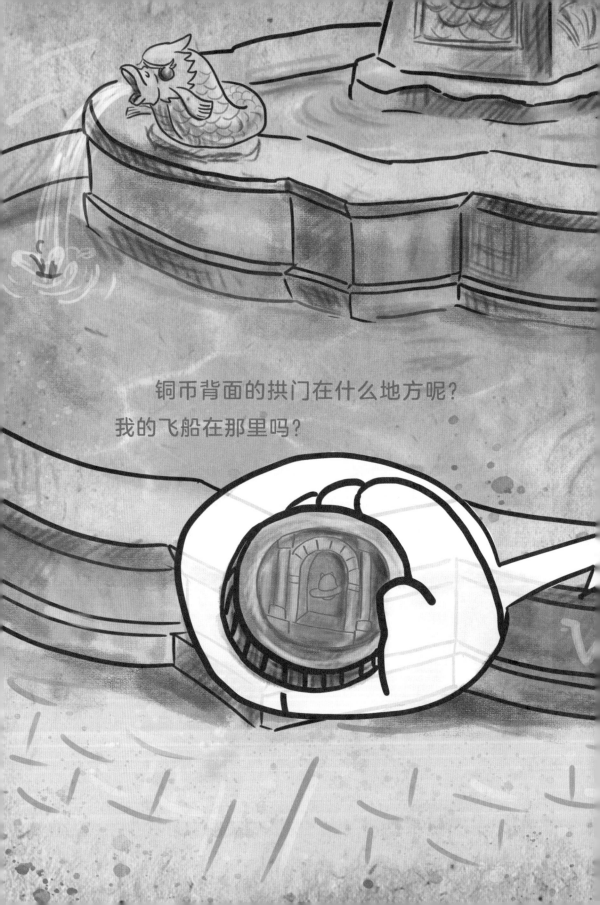

"难道我的飞船在这个拱门里？"

我连忙环顾四周，发现这里竟然有很多拱门。

"看来，得先弄清楚铜币上字母的含义！"

我一边思考，一边向城内走去。在这里，我遇到了一位好心人，他告诉我这里是罗马，铜币上的字母其实是罗马人发明的**罗马数字**。

"一个'I'代表 1，两个'I'代表 2，一个'V'代表 5，一个'X'代表 10⋯⋯"

"咦？等一下，一个'I'代表 1，用五个'I'不就可以代表 5 吗？"

我突然打断了他，不过他并没有生气，而是举起一只手，先把五根手指头并拢，然后把大拇指和其他手指分开，呈现出'V'字形。

　　"一只手有五根手指,所以用'V'来表示5。"他向我解释道。

　　我想继续询问他这些字母的具体含义,这时,突然从远处传来一阵嘈杂声。转眼间,一个骑士带着一队士兵冲到了我面前。

　　"带走!"骑士看着我冷冷地说道,他向身后的士兵使了个眼色。

　　"是!"两名士兵齐刷刷地回答,不由分说地用铁链将我捆住。

　　"喂!喂!你们搞错了吧?"我着急地冲着那个骑士大喊道。

　　"我可以给你一个机会,通过决斗,来决定你的命运吧!哼哼……"骑士一声冷笑,他并没有理会我的质疑,猛蹬了一下马肚子,转身离开了。

别动!

喂!

我就这样被抓了起来，被士兵们拖到了一座有很多拱门的巨大圆形建筑前。

"欢迎来到**斗兽场**！"士兵面无表情地说。原来这就是古罗马的斗兽场，此时，场内传来一阵阵猛兽的吼声。

"啊……我不会……要去和老虎决斗吧？……我……我……最害怕……老虎了……"

嗷呜

我站在斗兽场前，耳边不断传来猛兽的吼叫声，顿时觉得自己是如此渺小、无助，禁不住浑身发抖。

当我的目光扫过一排排拱门时，突然，我注意到每个拱门上方都刻着一个浅浅的罗马数字！

"铜币上的罗马数字，会不会就对应着拱门上的罗马数字呢？我得想办法凑近瞧瞧！"

我在心里盘算了一会儿，灵机一动，对着两名士兵喊道：

"喂！我……我要上厕所！"

我趁着他们看管松懈的时候，挣脱锁链，跑了出来！

"站住！站住！"

士兵在我身后紧追不舍，我飞快地跑到了拱门下，然而，这些门洞里并没有我的飞船。

我站在门洞里不知所措，心跳也开始加速，手心沁（qìn）出了细密的汗珠。

"快！快！在这边！"

身后的士兵离我越来越近！

"我该怎么办呢？"

快！快！

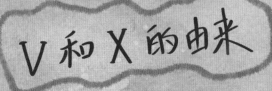

V 和 X 的由来

$L = 50$

$X = 10$

$M = 1000$

$I = 1$

$V = 5$

$D = 500$

$C = 100$

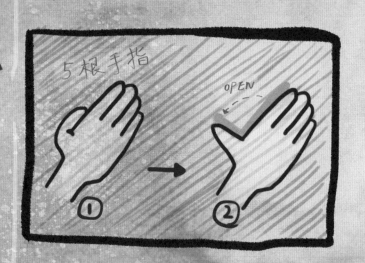

5根手指

OPEN

① ②

"V" 的由来:

将 5 根手指并拢,然后把大拇指和其他手指分开。观察此时手的形状。

"X" 的由来:

将 2 个 "V" 拼凑起来后,再将其中 1 个 "V" 倒过来,就成了 "X"。

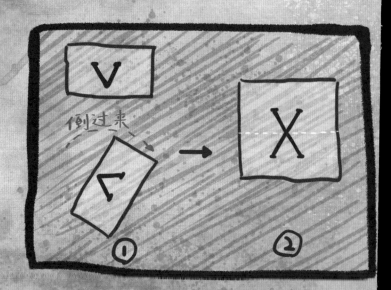

V

倒过来

X

① ②

罗马数字

1	2	3	4	5	6	7	8	9	10
I	II	III	IV	V	VI	VII	VIII	IX	X

20	30	40	50	60	90	100	500	1000
XX	XXX	XL	L	LX	XC	C	D	M

古罗马人仅发明了 **7** 个符号，就能记录所有数。这是因为他们巧妙地利用了**加减法**。

例：

$$V + I \rightarrow VI$$

"V" 的右边加个 "I"，表示6： 5+1=6

$$V - I \rightarrow IV$$

"V" 的左边减个 "I"，表示4： 5-1=4

罗马斗兽场

斗兽场又名角斗场、竞技场，位于今意大利首都罗马。

这里曾经是古罗马帝国的奴隶主、贵族和自由民观看斗兽或奴隶决斗的地方，也是古罗马文明的象征。

外围墙高约 57 米，几乎相当于现在 19 层楼房的高度。底层有 80 个拱门，地面结构为 4 层，还有一层地下室。

斗兽场太宏伟了！我是多么渺小呀！

第8章

神奇的小棍

地点：神秘星球　天气：晴转多云

我提醒自己一定要**冷静**！

在门洞里面，我又仔细地观察了一遍。突然，我看到门洞右侧的墙壁上有一个很不起眼的圆形凹槽。我来不及思考，顺手将铜币放到凹槽里，没想到，这枚铜币竟然和凹槽完美贴合！

只见那枚铜币冒出耀眼的白光，瞬间照亮了整个门洞，晃得我睁不开眼睛，身后士兵发出的嘈杂声渐渐远去……

等我再次睁开眼睛时，令人**惊心动魄**的罗马斗兽场已经不见了，此时，我站在一个四四方方的高台上。

太阳刚刚从山间升起，阳光温柔地洒在脸上，我不由得张开双臂，仿佛感到有一股**温暖的力量**涌向全身……

突然，我想起了铜币上的飞船图案。

"这么说……我的飞船就在这里？"

我眯起眼睛向四周望去，隐约看见山脚下有一个地方正在持续不断地**冒烟**！我产生了一种预感，那个冒烟的地方会有飞船的线索！于是，我快步下山，朝着冒烟的方向跑去。

据说，这里是这个星球上最神秘的国度之一

——东方古国。

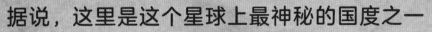

(lí)
骊山

位于陕西省西安市，

海拔 1302 米。

因景色翠秀，美如锦绣，所以

又被称作"绣岭"。

烽火台

烽火台是古代用点燃烽火的方式来传递消息的高台。

一旦有敌人入侵，烽火台上就白天放烟，夜里点火，台台相连，便于传递消息。

西周末年

周幽王

褒姒 (bāo sì)

不一会儿，我就跑到了那个冒烟的地方。

原来，这里是一个**窑**(yáo)**房**，是制作**陶俑**的地方，那滚滚浓烟就是从这里冒出来的。

窑房的里里外外，有很多人在忙碌着，为安全起见，我偷偷爬到了旁边的一棵大树上，想先观察一下情况。

只见一个人在窑房一角的桌子前坐了下来，从身上取出了一个**小袋子**，他一边从袋子里取出很多长短一致的**小棍**，一边自言自语：

"一根小棍代表 1，两根小棍代表 2，三根小棍代表 3……四根小棍……"

那个人在桌子上摆弄着那些小木棍，一会儿横着摆，一会儿竖着摆。正当我看得投入时，突然，从不远处传来一声巨响！

只见一个士兵满脸尘土，急匆匆地跑过来，向那个摆弄小棍的人行礼。

"报……报告！一个形状怪异的不明物体掉落到坑内，砸坏了好多陶俑！"

"哦？形状怪异的不明物体？不会是我的飞船吧？"我在心里默念道。

我想凑得更近一些，仔细听一听，没想到手一滑，没抓牢，一头从树上栽了下去，刚好砸在树下的陶俑上！只见陶俑晃了晃，倒向了旁边的陶俑，旁边的陶俑又倒向另一个……"铛！铛！铛！"陶俑就像多米诺骨牌一样倒了一片……

"啊呀……我的陶俑啊……"

那个人看着损坏的陶俑，心疼得几乎要哭了出来。随即，他的脸色又变得严肃起来，指着我，对士兵喊道：

"抓住他！不能让他逃了，给我把他抓回来！"

"是！"

我见势不妙，转身撒腿就跑，一边跑，一边大声喊道：

"对——不——起！我——不——是——故——意——的！"

抱歉！

虽然我知道自己**闯了祸**就逃跑是不对的，但我实在不想错过寻找飞船的时机。士兵说的不明物体可能就是飞船，我立刻向刚才发出巨大声响的地方跑去。

不一会儿，我就跑到了一个大坑前，坑里整整齐齐地摆放着上千个真人大小的陶俑，像一支庞大的**军队**，非常壮观！

不过，大坑中间弥漫着一团尘雾，尘雾周围的一些陶俑都已经成了碎片。透过尘雾，隐约能看见一个庞然大物的轮廓。尽管尘雾没有完全散去，我还是能够一眼辨认出来：

"是我的飞船！"

我兴奋地奔向大坑的中心，激动得心脏狂跳。

古代中国人怎么计数？

古代中国人发明了一种计数工具——**算筹**。

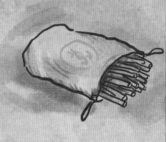

人们将 270 多根长短一致的小棍装在一个布袋里，挂在腰部，随身携带。需要计数或计算时，就把它们取出来放在桌上、床上或地上，按照规则摆弄。

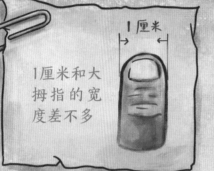

1厘米

1厘米和大拇指的宽度差不多

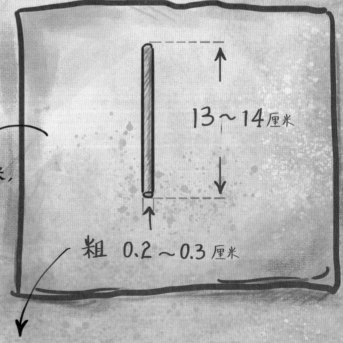

13～14厘米

粗 0.2～0.3 厘米

小棍一般长为13～14厘米，直径0.2～0.3厘米。

材质：多为竹子所制，也有用木头、兽骨、象牙、金属等材料制成的。

2 种不同摆法：

	1	2	3	4	5	6	7	8	9
纵式	丨	丨丨	丨丨丨	丨丨丨丨	丨丨丨丨丨	丅	丅丨	丅丨丨	丅丨丨丨
横式	一	二	三	亖	亖	⊥	⊥一	⊥二	⊥三

为什么会有两种不同的摆法呢？ 十进制

　　如下表所示，从右到左，数位从小到大，纵横相间。依此类推，就可以用算筹表示出任意的自然数了。

　　数位与数位之间纵横变换，每一位都有固定的摆法，既不会混淆，也不会错位。

…	横式	纵式	横式	纵式
…	千位	百位	十位	个位

凡算之法，先识其位，一纵十横，百立千僵，千十相望，万百相当。——《孙子算经》

　　中国古代十进制的**算筹计数法**，在世界数学史上是一个伟大的创造！

制作兵马俑总共分几步？

① 做

大致塑造出头、身体、四肢的形状。

← 头

② 刻

精细地雕刻出五官、服饰花纹等细节。

③ 拼

将做好的身体部件组装、拼接到一起。

组合！

完成！

⑤ 涂

烧制完成后，用天然矿物质颜料进行涂色。

④ 烧

将做好的陶俑放在窑炉里烧制。烧制温度大约在1000~1050摄氏度。

第9章

日记

地点：神秘星球　天气：多云

　　我气喘吁吁地跑到飞船前，一想到马上就能回家了，一股暖流从心底流出。

　　"站……站住！"

　　身后士兵的呼喊声打断了我的思绪。

我连忙按下飞船隐秘处的按钮，迅速从打开的舱门钻了进去。我坐到驾驶舱内，快速启动了飞船。

飞船缓缓从地面升起，随着能量的聚集，周围发出耀眼的白光，一眨眼，飞船就从空中消失了。

还好飞船上有数学星球的**定位**，我终于顺利地回到了家。我将飞船停放在地下室里，然后迫不及待地冲进家门——

"爸爸妈妈，我回来啦！"我激动地喊道。我一下子扑倒在妈妈的怀里，感觉能回到家实在是太**幸福**了！

可是，还没等我享受家的温暖，这片刻的幸福就被打断了……

"你去找老师请教问题了吗？这才五分钟就回来了？"妈妈疑惑地看着我。

我听到妈妈说的话，目瞪口呆。

"五分钟？难道我穿越了这么长时间，历尽艰险，在数学星球才过了五分钟吗？"

我随便找了一个借口，匆匆躲进了自己的卧室。我呆呆地坐在书桌前，满脑子全是**疑惑**。

　　我隐隐觉得，这次神秘的穿越之旅并不简单，这其中一定有什么奥秘！我从抽屉里拿出一个空白的**日记本**，将这次穿越过程中发生过的事情记录下来……

　　"神奇的图案、奇怪的绳结、青蛙、贝壳、楔形文字、罗马数字、算筹小棍儿……

　　这些奇遇之间有什么关联呢？"

　　想着想着，一股困意袭来，我趴在桌子上睡着了……

　　半梦半醒中，我听到了一个**奇怪的声音**，好像在哪里听到过。

　　我勉强睁开眼睛，迷迷糊糊中，看见一个圆圆的东西悬浮在半空中，发出诡异的蓝绿色光……

　　"我是在做梦吗？还是出现了幻觉？"

幻觉？　　梦境？

现代人怎么计数？

现在，我们常用的数字叫**阿拉伯数字**，由 0、1、2、3、4、5、6、7、8、9 这 **10** 个计数符号组成。

小狸

阿拉伯数字是阿拉伯人发明的吗？

不是，阿拉伯数字是印度人发明的。

小狸

啊？那为什么叫阿拉伯数字？不叫印度数字？

因为这些计数符号当时是经由阿拉伯传入欧洲的，欧洲人误以为它们是阿拉伯人发明的，所以就称之为阿拉伯数字。

小狸

呃……

斐波那契数列
1.1.2.3.5.8.13……

印度人

阿拉伯人
花拉子米

意大利人
斐波那契

发明者 ➡ 记录者 ➡ 传播者

① 在9世纪初，古阿拉伯数学家花拉子米发表了《**印度数字算术**》，详细介绍了这个来自印度的十进制计数系统；

② 意大利著名数学家斐波那契将其介绍到了欧洲；

③ 14世纪，**中国印刷术**传到欧洲，加速了印度数字的推广与应用，进而使这种计数符号传遍全世界。

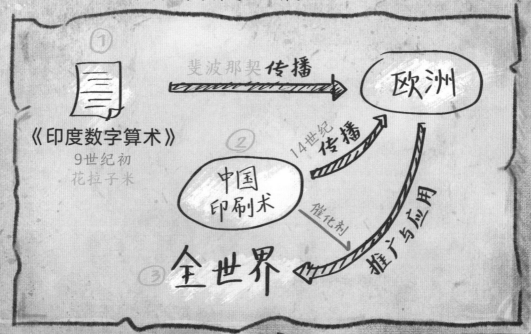

① 斐波那契**传播** ➡ **欧洲**

《印度数字算术》
9世纪初
花拉子米

② 中国印刷术
催化剂

14世纪**传播**

推广与应用

③ **全世界**

最初的阿拉伯数字是这个样子的：

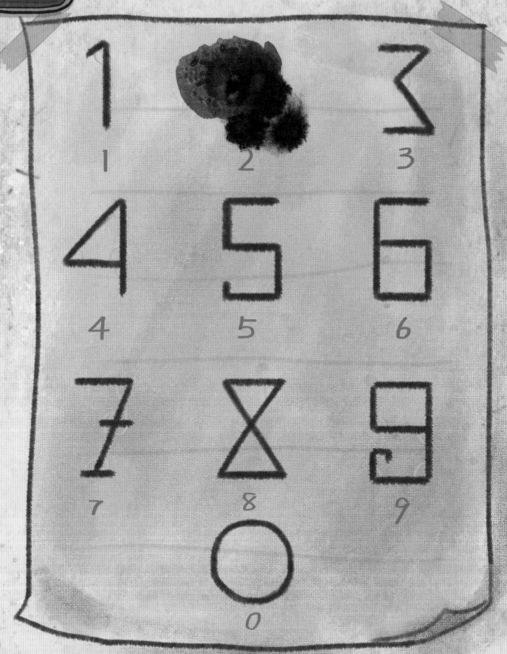

1
1

2

3
3

4
4

5
5

6
6

7
7

8
8

9
9

0
0

数字上角的个数竟然和这个数代表的数值一样！

经过漫长的演化，它们变成了现在我们书写的样子：

1 2 3
4 5 6
7 8 9
0

数字 0 是最后才被发明出来的！

问 猜一猜，最初的阿拉伯数字2怎么写？

知识图谱

玛雅

二十进制？

玛雅人虽然懂得位值制，但用的是二十进制，用 **3** 个符号：零（贝形符号）、一（点）、五（横线）的相互组合来表示数。

40页

古罗马

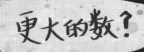

更大的数？

古罗马人计数，只需要 **7** 个基本符号，但如果不懂数位，遇到稍大一点的数就麻烦了。

66页

古巴比伦

六十进制?

古巴比伦人也知道位值制，但用的是六十进制，用"▼"形的楔形文字表示 1，用"◀"形的楔形文字表示 10，通过它们的相互组合来表示数。

54 页

中国

十进制!

中国的算筹，只用**一样的小棍**，横竖摆放，相互组合，便可以用十进制表示任意自然数，简直是绝妙的计数法！

78 页

装备介绍：

容量500毫升

瓶盖密封设计
不漏水

卷

可卷起.
携带方便

可重复利用,
材质环保.

折叠水瓶

勋章手电筒

可充电
或
使用电池

大小：
直径5厘米

5厘米

按下

顺时针

逆时针

旋转可调节
亮度

(sāi)

模拟鱼鳃

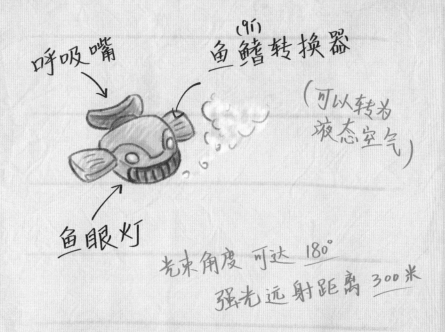

呼吸嘴

(qí)
鱼鳍转换器

（可以转为
液态空气）

鱼眼灯

光束角度 可达 180°
强光远射距离 300米

"M"标志

小狸挂件

解密

问 每一章的问题你都能破解吗？

请将下一页的答案拼图沿着虚线剪开，将这些拼图按照如下图所示的顺序摆放，看看拼图的背面，你发现了什么呢？

注：①表示第2章挑战题的答案位置，②表示第3章挑战题的答案位置，依此类推。

扫码查看讲解视频

96